Sarah Swienty, Eva Stiehl

Städtetourismus in Europa

GRIN Verlag

Bibliografische Information der Deutschen Nationalbibliothek:

Die Deutsche Bibliothek verzeichnet diese Publikation in der Deutschen National-
bibliografie; detaillierte bibliografische Daten sind im Internet über http://dnb.d-
nb.de/ abrufbar.

Impressum:

Copyright © 2010 GRIN Verlag GmbH
Druck und Bindung: Books on Demand GmbH, Norderstedt Germany
ISBN: 978-3-656-05016-2

<u>**Inhaltsverzeichnis:**</u>

<u>**Anhang:**</u>

1. Einleitung

Seit einigen Jahren ist der Begriff „Städtereise" in aller Munde. Ein Kurztrip nach London gehört ebenso zur Urlaubsplanung wie eine Reise nach Berlin, der Besuch eines Hamburger Musicals oder eine Shopping- Tour nach Mailand.

Vorbei sind die Zeiten in denen allein der dreiwöchige Strandurlaub fester Bestandteil des Urlaubsplanung war.

Nicht nur das touristische Verhalten der Europäer hat sich umstrukturiert, vielmehr ist eine weltweite Veränderung hinsichtlich der Motivation aller Touristen zu beobachten. Sonne, Strand und Meer sind zwar erholsam, aber eben auch nur erholsam. Der moderne Tourist aber ist erlebnishungrig und setzt auf Multioptionalität: Heute Metropolenshopping in Paris, morgen Gladiatorenspiele in Trier und übermorgen Stararchitektur in Bilbao – je ausgefallener das Angebot, desto besser.

Kein Wunder, dass der Phantasie der Stadtplaner im Kampf um hohe Touristenzahlen keine Grenze gesetzt werden darf – schließlich gilt es die Stadt als Showbühne zu inszenieren.

Die vorliegende Arbeit begibt sich in die theoretische und praktische Perspektive, um das Phänomen des Städtetourismus aufzuschlüsseln. Dabei soll zunächst ein Einblick in die definitorische Begriffsfindung gegeben werden, dem die historische Entwicklung des Städtetourismus angeschlossen wird. Im Weiteren werden die einzelnen Elemente des Städtetourismus, wie Formen, Auswirkungen, theoretische Forschungsmethoden, Standortmarketing und Zukunftsperspektiven behandelt. Dabei wird fortlaufend die Entwicklung „weg vom Erholungsurlaub und hin zur Multifunktionalität der Städtereise" beobachtet und es werden Vor- sowie Nachteile benannt. Abschließend soll die praktische Umsetzung der städtetouristischen Destinationen anhand von Einzelphänomenen und den konkreten Positionierungsmöglichkeiten auf dem Markt des Städtetourismus, wie beispielsweise die Einbindung in das Netz der Low-Cost-Carrier, näher beleuchtet werden.

2. Städtetourismus im Überblick

Städtetourismus ist heute erfolgreicher denn je. Der jährliche Dreiwochenurlaub am Strand wird immer weiter von mehreren kürzeren Reisen in bekannte Städte abgelöst.

Dabei spielt vor allem die Reisemotivation eine wichtige Rolle die sich bei jedem Touristen anders gestaltet.

Den Anforderungen aller Touristen gerecht zu werden ist eine nicht zu unterschätzende Aufgabe die von Stadtplanern, Reise- und Eventveranstaltern bewältigt werden muss. So birgt der Städtetourismus einen nicht unerheblichen Nutzen für stadtplanerische, soziale, gesellschaftliche sowie wirtschaftliche Absichten.

2.1 Definition (gemeinsame Arbeit)

Der Städtetourismus enthält nicht das klassische Ordnungsschema der Typen des Freizeit- und Fremdenverkehrs. Er existiert heute in so vielfältiger Form, dass ihm anscheinend verschiedene Ursachen bzw. Motive und Ausprägungen zugrunde liegen. Aus diesem Grund können unter Städtetourismus verschiedene Tourismusarten subsumiert werden. Hinsichtlich Struktur, Motivation und Bedeutung lassen sich im Vergleich zu anderen Tourismusarten entscheidende Unterschiede für die jeweilige Destination feststellen. Diese zahlreichen Funktionen spiegeln sich auch in der Nachfragestruktur wider. Städtetourismus kann beruflich und privat motiviert sein, als Tagesausflug oder Reise, mit und ohne Übernachtung durchgeführt werden. Dementsprechend problematisch sind deshalb auch generelle Aussagen zum Umfang und zur wirtschaftlichen Bedeutung des Städtetourismus.[1]

Es gibt zahlreiche Definitionen, aber keine allgemein gültige und anerkannte, die den verschiedenen Städtetypen gerecht wird und eine klare Abgrenzung des Städtetourismus in räumlicher, zeitlicher und motivationaler Hinsicht im Rahmen des städtischen Freizeit- und Fremdenverkehrs erlaubt.

Hopfinger bezeichnet den zeitgenössischen Städtetourismus als *„den Tourismustypus der Postmoderne schlechthin“*[2]. Lohmann hingegen sieht des Städtetourismus *„als Urform des Reisens“*[3], da Städte zum einen seit jeher eine große Anziehungskraft auf Reisende haben und zum anderen Zentren von Handel, Handwerk, Politik sowie Bildung waren und noch immer sind.

Eine Basis zahlreicher Definitionen liefert Freytag:

> *Städtetourismus umfasst jede erdenkliche Form eines Aufenthalts von nicht- ortsansässigen Menschen, die eine Stadt aus geschäftlichem*

---

[1] Steinecke, Albrecht (2006): „Tourismus. Die geographische Einführung". 2.Aufl., S.114.

[2] Popp, Monika: „Der touristische Blick des Städtetourismus der Postmoderne". In: Geographische Rundschau. 2/2009, S.42.

[3] Steinecke, Albrecht (2006): „Tourismus. Die geographische Einführung". 2.Aufl., S.114.

oder privatem Interesse – sei es mit oder ohne Übernachtung –
besuchen.[4]

Arnold hingegen gewährt dieser Definition allein dann Gültigkeit, wenn die Aufenthalte eine Dauer von 24 Stunden überschreiten. Diese Definition trifft auch auf statistische Erfassungen des Städtetourismus zu. Hier werden nur Übernachtungsgäste in gewerblichen Beherbergungsbetrieben berücksichtigt. Private Übernachtungen und die Zahlen der Tagestouristen basieren allein auf Schätzungen oder anderen Datenerhebungsmöglichkeiten. Die schwere der Diskrepanz zeigt sich beispielsweise bei der Hauptstadt der Toskana. Florenz beherbergte 2,3 Mio. Übernachtungsgäste, jedoch besuchten geschätzte 32 Mio. Tagestouristen die Stadt.[5]

Eine weitere Problematik der Definitionsfindung zeigt sich in der Größe der Stadt. So spricht man von einer Stadt, wenn sie mindestens 100.000 Einwohner hat. Darüber hinaus haben aber auch zahlreiche kleinere Städte eine Bedeutung für den Städtetourismus.

Ein wenig differenzierter wird der Begriff des Städtetourismus, berücksichtigt man die natürlichen Standortfaktoren einer Stadt. Unter Städtetourismus versteht man:

> *Eine Reise in eine historische oder kunstgeschichtlich bedeutsame,*
> *oder durch ihre natürlich Lage, ihre Einkaufsmöglichkeiten oder ihr*
> *Freizeitangebot attraktive Stadt zum Zweck eines relativ kurzen*
> *Aufenthalts (in der Regel 1-4 Tage).*[6]

„In der Praxis kann es [jedoch] niemals eine vollkommen „saubere" Abgrenzung zwischen den einzelnen Städtetourismustypen geben."[7] Es kann allerdings als allgemeiner Konsens festgehalten werden, dass sich Städtetourismus charakterisiert durch die Kombination verschiedener Reisemotive und unterschiedliche touristische Aktivitäten.

---

[4] Freytag, Tim/Popp, Monika: „Der Erfolg des europäischen Städtetourismus". In: Geographische Rundschau 2/2009, S. 4-11.

[5] Popp, Monika: „Der touristische Blick des Städtetourismus der Postmoderne". In: Geographische Rundschau. 2/2009, S.43.

[6] Hartmut Leser (Hg): „DIERCKE Wörterbuch Allgemeine Geographie".

[7] Freytag, Tim/Popp, Monika: „Der Erfolg des europäischen Städtetourismus". In: Geographische Rundschau 2/2009, S.7.

2.2 Historische Entwicklung des Städtetourismus (gemeinsame Arbeit)

Bis zum 17. Jh. waren Städte Zielorte für Händler, Pilger und Herrscher, deren Motivationen in dieser früheren Form der Distanzüberwindung zweckgebundener Art waren, denen wirtschaftliche, politische und religiöse Motive zugrunde lagen.[8]

Die Wurzel des neuzeitlichen (Erholungs-)Tourismus liegen in der „Grand Tour" des 17. Jh.s (siehe Abb.1). Damals *„entwickelte sich die gängige Praxis, dass junge Adelige im Rahmen der [...] Grand Tour ausgedehnte Kultur- und Bildungsreisen in Europa unternahmen[...]."*[9]

Abbildung 1: Route der Grand Tour (Quelle: Freytag, Tim/Popp, Monika: „Der Erfolg des europäischen Städtetourismus". In: Geographische Rundschau 2/2009, S.5)

Parallelen zum heutigen Städtetourismus gibt es vor allem in den Reisezielen. So zählen damals wie heute Städte wie Paris, Rom, Venedig und Florenz zu den sehenswertesten Städten Europas. Mitte des 18. Jh.s verlor die Grand Tour mit dem gesellschaftlichen Wandel an Exklusivität. Das Bürgertum wurde durch seine nationale und internationale Handelstätigkeit und das Eigentum von Fabriken zur wirtschaftlichen Elite. Die Reiseziele der Adeligen wurden nun auch von bürgerlichen Touristen besucht. Aufgrund ihrer geringen zeitlichen und finanziellen Ressourcen wurden die Reisen nun wesentlich kürzer.

---

[8] Steinecke, Albrecht (2006): „Tourismus. Die geographische Einführung". 2.Aufl., S.114.
[9] Freytag, Tim/Popp, Monika: „Der Erfolg des europäischen Städtetourismus". In: Geographische Rundschau 2/2009, S.4-11.

Die Adeligen wendeten sich nunmehr dem Besuch von Kulturdenkmälern zu und legten somit den Grundstein für den gegenwärtigen Städtetourismus.[10]

In der Innovationsphase führten neben der Entwicklung neuer technischer Errungenschaften, wie der Dampfmaschine und der Eisenbahn, die den Transport großer Menschenmengen gegen Ende des 19 Jh. erst ermöglichten, führte vor allem *„die Einführung einer modernen Sozialgesetzgebung mit arbeitsrechtlichen Bestimmungen für bezahlten Jahresurlaub"[11]* zur Ausbildung des Tourismus wie wir ihn in seiner heutigen Form kennen. Das zuvor kosen-, zeit- und müheaufwendige Reisen wurde industrialisiert. Auch die Weltausstellungen des 19. Jh.s nehmen in dieser Hinsicht eine entscheidende Bedeutung ein. Auf diesen wurden zunächst neue technische Produkte präsentiert und später exotische Bauwerke und Lebenswelten rekonstruiert. So wurde ein internationales Publikum abgezogen und sie wurden zu hochrangigen internationalen Attraktionen.[12]

Im Verlauf des 20 Jh.s entwickelte sich das Phänomen des Massentourismus. Beflügelt durch Innovationen des Transportwesens, wie dem Fliegen, entstanden bedeutende Urlaubsdestinationen am Meer und in den Bergen. Während die allgemeine Reisemobilität einen raschen Anstieg erlebte, blieb die relative Bedeutung des Städtetourismus als Teilbereich des Fremdenverkehrs eher stagnierend bis rückläufig.[13]

In den 1970er zeigte sich erstmals eine erkennbare Nachfrage im Städtetourismus, als die Stadt einem Wandel unterworfen wurde, der sie vom Quell- zum Erholungsgebiet machte. In den 1990er Jahren setzte dann ein regelrechter Boom des Städtetourismus ein.[14] Diese Phase verzeichnete seitdem einen kontinuierlichen Anstieg der Übernachtungszahlen von 3%. Die Freizeittouristen nehmen vom klassischen Modell des ausgedehnten und alleinigen Jahresurlaubs im Sommer Abstand und entscheiden sich für zusätzliche Kurzreisen, die oft in Städte führen.[15] Die Entwicklung dieses Phänomens wurde im 20. Jh. durch eine Vielzahl von Faktoren begünstigt:

---

[10] Steinecke, Albrecht (2006): „Tourismus. Die geographische Einführung". 2.Aufl., S.115-117.
[11] Freytag, Tim/Popp,Monika: „Der Erfolg des europäischen Städtetourismus". In: Geographische Rundschau 2/2009, S.7.
[12] Steinecke, Albrecht (2006): „Tourismus. Die geographische Einführung". 2.Aufl., S.117ff.
[13] Steinecke, Albrecht (2006): „Tourismus. Die geographische Einführung". 2.Aufl., S.11119ff.
[14] Anton-Quack/Quack: „Städtetourismus – Eine Einführung". In: Becker/Hopfinger/Steinecke (2004): Geographie der Freizeit und des Tourismus. Bilanz und Ausblick. 2. Aufl., S. 197.
[15] Freytag, Tim/Popp, Monika: „Der Erfolg des europäischen Städtetourismus". In: Geographische Rundschau 2/2009, S.4-11.

Haushalte	2004	2005	2006	2007	2008
1 000					
Haushalte	39 122	39 178	39 767	39 722	40 076
Einpersonenhaushalte	14 566	14 695	15 447	15 385	15 791
2-Personenhaushalte	13 335	13 266	13 375	13 496	13 636
3-Personenhaushalte	5 413	5 477	5 357	5 309	5 247
4-Personenhaushalte	4 218	4 213	4 107	4 081	3 966
Haushalte mit 5 und mehr Personen	1 590	1 527	1 479	1 450	1 437

Abb. 2: Bevölkerungsentwicklung 2004 – 2008
(Quelle: www.destatis.de. Stand: 07.01.2010)

Es lassen sich Parallelen zu der steigenden Anzahl der Single- oder kinderlosen Haushalte beobachten (siehe Abb.2). Alleine ist man flexibler und setzt eher auf Action und Events statt auf Erholung – ist doch der Alltag in vielen Fällen schon ereignislos genug.

Und auch diejenigen Paare die kinderlos sind tendieren eher dazu ihren Urlaub erlebnisorientiert zu gestalten. Mit Kindern sind Städtebesichtigungen und Museumsbesuche wesentlich schwieriger bzw. bis zu einem gewissen Alter fast schon unmöglich zu gestalten. Außerdem kann auch die fortschreitende Flexibilisierung der Arbeitszeit mit der Attraktivität des städtischen Reisens in Verbindung gebracht werden.

Der Städtetourismus verschafft die Möglichkeit verschiedenste Aktivitäten auf engem Raum miteinander zu kombinieren. Diese Multioptionalität der Städte kommt vor allem dem erlebnishungrigen Reisenden des 21. Jh.s sehr entgegen:

> *Sie erfüllen „klassische" Funktionen wie der Mittelpunkt einer Region zu sein und zentralörtliche Funktionen wahrzunehmen, z. B. Wohnfunktion, Versorgungsfunktion in Form von Arbeitsplätzen, Bildungs-, Kultur-, Sport-, Freizeit- und Einzelhandelsstätten etc. Aus tourismusbezogener Sicht sind viele dieser Funktionsbereiche relevant, weniger jedoch als Versorgungs-, mehr als Erlebnisfunktion.[16]*

Dieses breite und vielfältige Angebot bietet den Gästen eine große Wahlfreiheit und der Stadtaufenthalt kann nach den persönlichen Bedürfnissen gestaltet werden.

---

[16] Deutscher Tourismusverband: „Städte- und Kulturtourismus in Deutschland. Langfassung." Bonn, 2006, S.5.

Wie vielfältig die Besucheraktivitäten im Städtetourismus heutzutage sind zeigt das folgende Diagramm in Abbildung drei am Beispiel Heidelberg.

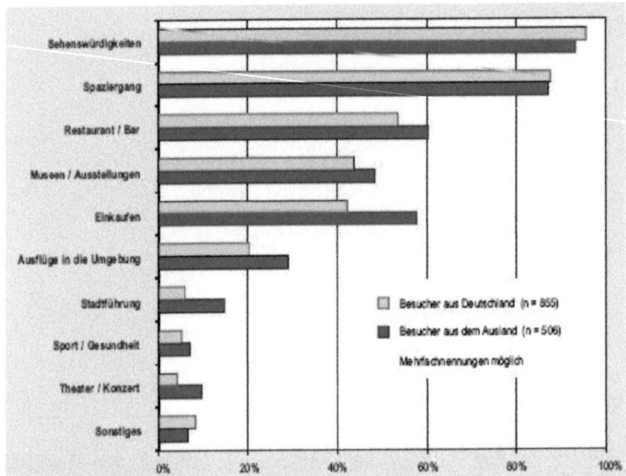

Abb. 3: Besucheraktivitäten im Städtetourismus: Das Beispiel Heidelberg. (Quelle: Freytag, Tim/Popp,Monika: „Der Erfolg des europäischen Städtetourismus". In: Geographische Rundschau 2/2009, S.7.)

So kann man in London nicht nur an einer Sightseeing- Tour teilnehmen, sondern auch bei Harolds shoppen und anschließend in der Londoner Chinatown essen gehen.

Und auch der Deutsche Tourismusverband wirbt:

> *„Deutschlands Städte sind Publikumsmagnet Nummer Eins im touristischen Geschehen. Ob Tagesausflüge, Wochenendtrips, Shopping-, Kultur- oder Geschäftsreisen – in unseren Städten gibt es für jeden viel zu sehen und zu erleben."[17]*

2.3 Typen des Städtetourismus (Sarah Swienty)

Durch die wirtschaftliche, politische, gesellschaftliche und kulturelle Zentralität von Städten sind die Motive und Verhaltensweisen der Besucher dieser Destinationen auch entsprechend vielfältig. Meier unterscheidet mit dem privat und beruflich bedingten Städtetourismus generell zwei Formen, die jeweils mit und ohne Übernachtung durchgeführt werden können (siehe Abb.4). Damit findet seine Gliederung eine deutliche Orientierung an der in Kapitel 2.1 genannten Definition von Freytag.

---

[17] Deutscher Tourismusverband: „Städte- und Kulturtourismus in Deutschland. Langfassung." Bonn, 2006, S.4.

Städtetourismus			
Übernachtungstourismus		*Tagestourismus*	
beruflich bedingt	*privat bedingt*	*beruflich bedingt*	*privat bedingt*
Geschäfts-/ Dienstreiseverkehr/ Geschäftstourismus i. e. S.	Städtebesuchs-/ Städtereiseverkehr/ Städtetourismus i. e. S.	Tagesgeschäfts-reiseverkehr	Tagesausflugsverkehr/ Sightseeingtourismus
Tagungs- und Kongress-tourismus	Verwandten- und Bekanntenbesuche	Tagungs- und Kongressbesuche	Tagesveranstaltungs-verkehr
Ausstellungs- und Messetourismus		Ausstellungs- und Messebesuche	Einkaufsreiseverkehr/ Shoppingtourismus
Incentivetourismus			Abendbesuchsverkehr

Quelle: MEIER 1994, S. 7

Abbildung 4: Städtetourismusarten (Quelle: Anton-Quack/Quack: Städtetourismus – Eine Einführung. In: Becker/Hopfinger/Steinecke (2004): Geographie der Freizeit und des Tourismus. Bilanz und Ausblick. 2. Aufl., S. 194.

Großstädte und Ballungsräume sind die bevorzugten Ziele des Reiseverkehrs, da sie eine hohe Konzentration von Industrie- und Dienstleistungsunternehmen, aber auch von Hochschulen, Verwaltungen, sowie Kongress- und Messeeinrichtungen aufweisen. Die meisten Tagesgeschäftsreisen werden mit dem PKW durchgeführt und finden an den Wochentagen statt. Diese Zielgruppe besteht überwiegend aus Personen mittleren Alters (44-54) mit einem hohen Bildungsniveau. Der Tagungs- und Kongresstourismus weißt analog zu den Haupt- und Ausstellungsmessen ausgeprägte saisonale Schwankungen auf.[18] Im Bereich des beruflich bedingten Tourismus spielen weiche Standortfaktoren, wie Freizeit-, Kultur- und Erholungsangebote eine immer wichtigere Rolle, da sich so der Standort von anderen Konkurrenten abheben kann, die Aufenthaltsdauer verlängert und die Ausgaben der Besucher erhöht werden können.

Es ist eine zunehmende beruflich bedingte Mobilität zu verzeichnen, diese ist auf die fortschreitende globale Vernetzung zurückzuführen. In diesem Zusammenhang werden trotz verbesserter Kommunikationstechnologien so genannte Face-to-face-Kontakte immer wichtiger. Hier birgt der Messe- und Kongresstourismus ein großes Potential, da potentielle Geschäftspartner aufeinander treffen und sich präsentieren können.[19]

---

[18] Anton/Quack: „Städtetourismus- Überblick". In: Landgrebe/Schnell (2005): „Städtetourismus". S.15.
[19] Freytag, Tim/Popp, Monika: „Der Erfolg des europäischen Städtetourismus". In: Geographische Rundschau 2/2009, S.5.

Der privat bedingte Städtetourismus hat, wie bereits erwähnt, in den 1990er Jahren einen starken Anstieg erfahren. Aufgrund der großen Multioptionalität sind Städtereisen bei allen Alters-, Bildungs- und Einkommensgruppen beliebt. Jedoch weißt die Zielgruppe der Städtereisenden typische Struktur- und Verhaltensmuster auf. Die Aufenthaltsdauer liegt meist unter vier Übernachtungen. Viele Besucher kommen aber auch nur für einen oder einen halben Tag. Städtereisen werden überwiegend an Wochenenden und Feiertagen unternommen, dabei sind das späte Frühjahr, der Frühsommer, sowie der Frühherbst bevorzugte Urlaubszeiten. Dementsprechend weißt die Nachfrage ein typisches Sommerloch auf, da in der Ferien- und Urlaubszeit die längeren Urlaubsreisen durchgeführt werden. Auch im privat bedingten Städtetourismus existiert eine saisonale Nachfrage, diese wird ausgelöst durch Events, Volksfeste und Weihnachtsmärkte.[20]

Ebenso wie beim beruflich bedingten Städtetourismus ist der PKW das beliebteste Verkehrsmittel. Allerdings spielen auch Bus und Bahn eine große Rolle. Städtereisen weisen eine rechts ausgewogene Altersstruktur auf, jedoch sind Kinder meist unterrepräsentiert. In Großstädten ist das Publikum generell jünger als in Klein- und Mittelstädten, in denen mittlere und ältere Altersgruppen dominieren. Unter den Städtetouristen sind vor allem Paare und Einzelreisende mit höherer Bildung und höherem Einkommen anzutreffen. Allerdings finden sich in Klein- und Mittelstädten auch viele Familien und Reisegruppen. Der Abstand bezüglich der Nachfrage zwischen privat bedingten und beruflich bedingten Städtereisen konnte in der jüngeren Vergangenheit sukzessiv verringert werden.

2.4 Positive und negative Effekte des Städtetourismus (gemeinsame Arbeit)

„Der Städtetourismus ist ein sehr bedeutender und oft unterschätzter Wirtschaftsfaktor."[21] Dies wirkt sich nicht nur positiv auf eine Destination aus, sondern birgt auch einige negative Folgen.

Als positiv zu nennen sind die bessere Auslastung der Unterkunftskapazität und die Steigerung der Umsätze in Gastronomie und Einzelhandel. Allerdings sind die Einnahmen in Gastronomie und Einzelhandel wesentlich höher, als in der Hotelleriebranche, da der Tagestourismus das dominierende Segment des

---

[20]Anton/Quack: „Städtetourismus- Überblick". In: Landgrebe/Schnell (2005): „Städtetourismus". S.15.
[21] Freytag, Tim/Popp, Monika: „Der Erfolg des europäischen Städtetourismus". In: Geographische Rundschau 2/2009, S.4-11.

Städtetourismus darstellt. Außerdem wird auch die örtliche Wirtschaft durch die Inanspruchnahme von Dienstleistungen, Zulieferungen und Reparaturen gestärkt.[22] Die hohe Tourismusdichte im Bereich der touristischen Serviceleistungen geht jedoch mit tourismusbezogenen Spezialisierungen in Einzelhandel, Gastronomie und Hotellerie einher. So kann essein, dass ein Ort nicht mehr authentisch wirkt und die touristische Anziehungskraft verloren geht. Eine allgemeine Verbesserung des Images sorgt hingegen zugleich für eine Steigerung der touristischen Anziehungskraft und der Attraktivität für potentielle Investoren.[23]

Die städtischen Funktionen und im speziellen der Verkehrs- und Grünflächensituation erfahren durch tourismusorientierte Investitionen eine Verbesserung. So kommt es aber mitunter zu Überfüllungen der Stadt, einzelner Stadtviertel und der Infrastruktur. Auf der anderen Seite belasten Touristen den Energie- und Wasserverbrauch und die Abfallentsorgung.[24]

Die wachsende Beliebtheit der Städtereisen führt also dazu, dass die lang ersehnte Shoppingtour in einer sich langsam vorwärts schiebenden Menschenmenge endet oder die Freude auf ein historisches Bauwerk durch die sich bereits vor Ort befindenden Touristenmassen getrübt wird.

An stark nachgefragten Schauplätzen entsteht daher durch subjektiv empfundene soziale Enge, das so genannte „Crowing", und lange Wartezeiten eine Beeinträchtigung der Aufenthaltsqualität. Außerdem sorgen die Massen an Touristen für Schäden an städtischen Denkmälern, Feuchtigkeit, Trittbelastungen und Zerstörungen. Weiterhin trägt der Städtetourismus eine raumwirksame Funktion. So werden das Stadtbild und die Infrastruktur zugleich positiv gestaltet bzw. erhalten und stehen zugleich den Einheimischen zur Verfügung. Mit der touristischen Mobilität sind zwangsläufig ökologische Belastungen verbunden. Der motorisierte Individualverkehr und die seit Jahren an Bedeutung gewinnenden Flugreisen erzeugen Lärm und emittieren Schadstoffe.[25]

---

[22] Steinecke, Albrecht: „Tourismus. Eine geographische Einführung". 2.Aufl., S.133.; Dr. Harrer: „Wirtschaftsfaktor Städtetourismus Deutschland". In: Landgrebe/Schnell (2005): „Städtetourismus". S.19.
[23] Ebd., S.133-134.
[24] Ebd., S.135.
[25] Ebd., S.135.

> *Die Tragweite der ökologischen Belastungen wird deutlich, wenn man berücksichtigt, dass in Deutschland 54 % der im Personenverkehr zurückgelegten Wegstrecken den Bereichen Freizeit und Tourismus zugeordnet werden können.*[26]

Auch die Bevölkerung selbst ist vom Städtetourismus betroffen. Einerseits wird die Sozialstruktur beeinflusst und die Lebensqualität erfährt eine generelle Erhöhung. Andererseits kommt es aber auch zu einer Steigerung des allgemeinen Preisniveaus im Einzelhandel, in der Gastronomie und den Mieten. Diese Belastungen können bei Einheimischen zu Identifikationsproblemen mit der eigenen Stadt führen.

Schlussfolgernd lässt sich sagen, dass die wirtschaftlichen, gesellschaftlichen und ökologischen Belastungen durch den Städtetourismus dem hohen Nutzen gegenüber stehen, der vor allem die Hotellerie, Gastronomie und der Einzelhandel in den Städten aus der touristischen Nachfrage nach sich zieht. Durch differenzierte Management- und Plaungsmaßnahmen muss in dieser ambivalenten Situation für eine ausgewogene Tourismusentwicklung gesorgt werden. Seit 1990 wird beispielsweise in Deutschland ein professionelles Destinationsmanagement betrieben.[27]

2.5 Zentren des europäischen Städtetourismus (Sarah Swienty)

Die folgende statistische Erhebung (siehe Abb.5) aus dem Jahre 2004 bezieht sich wie viele andere allein auf die Übernachtungsbesucher der städtetouristischen Destinationen. Es ist zu erkennen, dass

> *die Verteilung der touristischen Übernachtungszahlen ein ähnliches Muster zeigt wie die hierarchische Ordnung der nationalen Städtesysteme. Dies erklärt auch, warum die in stärker zentralistisch organisierten Staaten befindlichen Metropolen London und Paris eine höhere Stellung gegenüber den Hauptstädten von Deutschland, Italien und Spanien einnehmen.*[28]

---

[26] Freytag, Tim: „Low-Cost Airlines – Motoren für den Städtetourismus in Europa?". In: Geographische Rundschau 2/2009, S.20-28.

[27] Steinecke, Albrecht: „Tourismus. Eine geographische Einführung". 2.Aufl., S.136.

[28] Freytag, Tim/Popp, Monika: Der Erfolg des europäischen Städtetourismus. In: Geographische Rundschau. 2/2009, S.8.

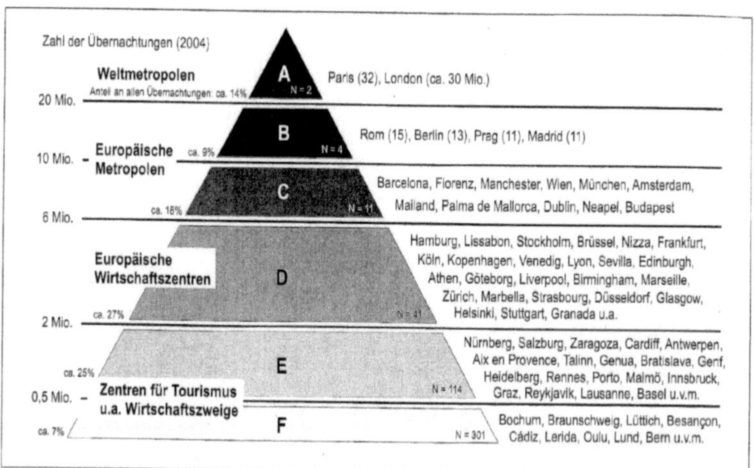

Abbildung 5: Hierarchie der Standorte des europäischen Städtetourismus (Quelle: Freytag/Popp (2009): „Der Erfolg des europäischen Städtetourismus". In: Geographische Rundschau. 2/2009, S.8)

Zu den Spitzenreitern zählen eindeutig Paris und London. Die beiden Weltmetropolen besuchten im Jahr 2004 32 Mio. bzw. 30 Mio. Übernachtungsgäste. Mit einigem Abstand folgen Rom, Berlin, Prag und Madrid, die damit zu den europäischen Metropolen gehören.[29] Es ist allerdings auch hier wieder zu berücksichtigen, dass die Übernachtungsgäste nur 5% der Gesamtanzahl der Städtetouristen ausmachen.

2.6 Der touristische Blick (Sarah Swienty)

Im Vergleich zu anderen Aktivitäten gilt das Reisen als besonders visuell geprägt. Wir verreisen, um Neues zu sehen. *„Das zeigt sich auch im deutschen Begriff der „Sehens"-würdigkeit."*[30] Der visuelle Konsum hat eine große Bedeutung gewonnen und geschieht nicht willkürlich, sondern bewusst. Schauplätze, Orte, Städte und Regionen werden ausgewählt, weil mit ihnen Erwartungen verknüpft sind, insbesondere aus der Fantasie und den Tagträumereien.[31] Touristen suchen auf ihren Reisen also nach der innerlichen Erfahrung - ihren *„imaginären Geographien"*[32]. Der touristische Blick setzt an diesen individuellen Vorstellungen eines Menschen an.

---

[29] Freytag, Tim/Popp, Monika: Der Erfolg des europäischen Städtetourismus. In: Geographische Rundschau. 2/2009, S.7-8.

[30] Popp, Monika: Der touristische Blick im Städtetourismus der Postmoderne. In: Geographische Rundschau. 2/2009, S.42.

[31] Ebd., S.42-43.

[32] Ebd., S.43.

Dieser weitere Zugang zum Phänomen des Tourismus hat sich im Rahmen des „*cultural turn*"[33] entwickelt und geht auf den britischen Soziologen Urry zurück. Anstatt bei den Reisenden anzusetzen, wird hier bei den touristischen Praktiken angesetzt.

> *Diese Fokussierung erlaubt es, den Tourismus, [und damit auch den Städtetourismus], als ein System zu verstehen, innerhalb dessen spezifische Praktiken eine vermittelnde Funktion zwischen Orten und Schauplätzen einerseits und den Besuchern als touristischen Akteuren andererseits einnehmen.*[34]

Es lassen sich generell zwei kontrastierende Formen unterscheiden.

Der „romatic gaze" (romanische Blick) wird als die Urform der touristischen Blicke bezeichnet, die bei der Grand Tour (siehe Kapitel 2.2) angestrebt wurde. Der Schwerpunkt liegt auf der Einsamkeit, Privatsphäre und einer persönlichen halbspirituellen Beziehung zum Objekt des Blicks. Die authentische und fremde Welt steht im Zentrum, die der Mensch für sich genießen und in sich aufnehmen möchte. Typische Objekte für den „romantic gaze" stellen unberührte Landschaften oder Relikte einer unverfälschten Geschichte dar.[35]

Als zweiter Hauptblick wird von Urry der „collective gaze" (geselliger Blick) genannt. Er gewann besonders in der Moderne eine größere Bedeutung. „*Die Anwesenheit anderer Touristen, Menschen, genau wie man selbst ist [...] für den Erfolg derjenigen Orte nötig, die auf diesem Blick beruhen.*"[36] Auf Mallorca oder der Champs-Élysées sucht der Stadttourist nach einem besinnlichen Stadterlebnis als auch nach geselligen Momenten.[37]

Urry geht davon aus, dass sich neben diesen Hauptblicken noch weitere ergänzende „gaze" (siehe Abb.6) nennen lassen.

---

[33] Freytag, Tim/Popp, Monika: „Der Erfolg des europäischen Städtetourismus". In: Geographische Rundschau. 2/2009, S.7.
[34] Ebd., S.7.
[35] Popp, Monika: „Der touristische Blick im Städtetourismus der Postmoderne". In: Geographische Rundschau. 2/2009, S.43.
[36] Ebd., S.43.
[37] Ebd., S.43.

spectorial gaze	Abhaken der wichtigsten Sehenswürdigkeiten; vor allem bei geführten Gruppen und Bustouren; gilt besonders für Tagestouristen, aber auch für Mehrtagestouristen
revential gaze	Einem Ort mit Ehrfurcht entgegentreten, so wie ein Gläubiger einer heiligen Stätte
anthropological gaze	Das Gesehene interpretieren und es in den historischen und kulturellen Kontext einordnen
environmental gaze	Touristische Praktiken im Hinblick auf ihren ökologischen Fußabdruck betrachten; korrekteres Verhalten als Einheimische
mediatised gaze	Bekannte Orte aus den Medien aufsuchen und bestimmte Aspekte des Medienevents vor Ort nachvollziehen

Abbildung 6: Ergänzende Formen des touristischen Blicks (Quelle: Modifiziert nach Popp, Monika: „Der touristische Blick im Städtetourismus der Postmoderne". In: Geographische Rundschau. 2/2009, S.43.)

2.7 Stadtmarketing (Sarah Swienty)

Heute wird *„seitens der Städte oft ein erheblicher Aufwand betrieben, um sich erfolgreich als touristische Destinationen im nationalem und internationalen Wettbewerb zu positionieren. "*[38] Beschränkte sich die Arbeit der Städte vor 30 bis 40 Jahren noch auf Sanierungsarbeiten, um die Stadt aufzuwerten und damit ein besseres Image zu erhalten[39], so wird seit der sich verschärfenden Wettbewerbssituation im Städtetourismus eine aktive Vermarktung praktiziert. Städte versuchen ein klares, attraktives und eigenes Profil zu entwickeln. Nur so ist es möglich unter der Vielzahl von Anbietern von potentiellen Besuchern überhaupt wahrgenommen zu werden. Ein erfolgreicher Marktauftritt basiert meist auf dem Einsatz von Wettbewerbsstrategien, die isoliert aber auch in kombinierter Form angewendet werden. So kann sich eine Stadt auf ihre Gegebenheiten spezialisieren (Musicalstädte, historische Städte, etc.), ihr vielfältiges Freizeit- und Kulturangebot vernetzt anbieten (Art Cities Europe, Ruhr Topcard, etc.) oder das Angebot durch Limitierung begrenzen.[40] Die Wettbewerbsstrategien gehen mit dem Stadtmarketing einher. Dies ist ein neues kommunales Instrument zur ganzheitlichen Entwicklung der Stadt und stellt angesichts der verstärkten Wettbewerbssituation zwischen den Städten Verbindungen zum Globalisierungsprozess dar. Außerdem steht die Arbeit des Stadtmarketings ständig im Spannungsfeld zwischen den Bewohnern und Touristen.[41]

So wird seit 1990 im Rahmen einer nachhaltigen Entwicklung das Ziel verfolgt eine Stadt nach innen und nach außen, d.h. für den Bewohner und für Auswärtige attraktiv zu

---

[38] Freytag, Tim/Popp, Monika:" Der Erfolg des europäischen Städtetourismus". In: Geographische Rundschau. 2/2009, S.5.
[39] Steinecke, Albrecht: „Tourismus. Eine geographische Einführung". 2.Aufl., S.140.
[40] Ebd., S.136-137.
[41] Prof. Dr. Freyer: „Stadtmarketing und Tourismus". In: Landgrebe/Schnell (2005): „Städtetourismus". S.29.

machen, ihr ein positives Image auf möglichst allen Ebenen zu verschaffen oder es zu verstärken.

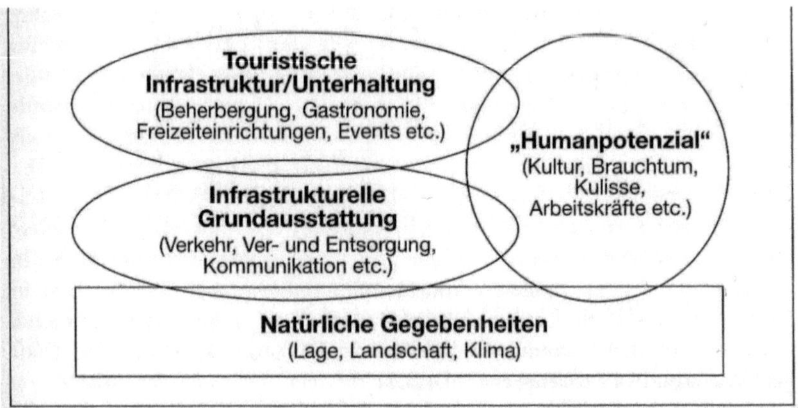

Abbildung 7: Weiche und harte Standortfaktoren (Quelle: Modifiziert nach Steinecke, Albrecht (2006): „Tourismus. Die geographische Einführung". 2.Aufl.)

Das Image kann unterschiedliche Sehnsüchte produzieren, dabei spielen Wahrzeichen eine große Rolle. Ein negatives Image senkt die Bereitschaft eine Stadt zu besuchen und kann nachträglich nur schwer wieder aufgewertet werden. Ein breit gefächertes Beherbergungsangebot ist eine wichtige Voraussetzung für den Städtetourismus. Deren Qualität und Quantität orientiert sich an der Dimension und Zusammensetzung der Nachfrage. Eine hohe Bedeutung trägt auch ein vielfältiges Angebot an Restaurationsbetrieben. Deren Größe und Qualität korreliert stark mit dem Beherbergungsangebot.

Der Wohnstandort soll so interessant und anziehend gemacht werden, dass die Bewohner gerne dort leben. Als Industrie- und Handelsstandort soll die Stadt so attraktiv gemacht werden, dass Unternehmen diesen Standort suchen, ihn gegenüber konkurrierenden Standorten präferieren, eventuell sogar bereit sind vergleichsweise sogar höhere Kosten zu tragen, um an diesem Standort präsent sein zu können.

Als Versorgungsstandort soll ein derart attraktives Angebot an Waren und Dienstleistungen geboten und offensiv vermarktet werden, dass ein möglichst hoher Anteil der Kaufkraft ihrer eigenen Einwohnerschaft in der Stadt selbst realisiert wird. Andererseits soll aber auch die Kaufkraft eines möglichst ausgedehnten Umlandes in die Stadt gelenkt werden.

Neben Attraktivität und Bekanntheitsgrad einer Stadt sind auch die Lage im Raum, die Verkehrsangeschlossenheit und innerstädtische leistungsfähige öffentliche Verkehrsmittel entscheidend für den Städtetourismus. Bei schnellen Verbindungsangeboten besteht die Gefahr, dass der Gast vom Übernachtungs- zum Tagestourismus umsteigt. Damit würde eine wichtige Einnahmequelle wegfallen.

Das kulturelle Angebot trägt eine Schlüsselrolle im Städtetourismus. Durch gut geführtes Marketing kann ein festes Bild einer bestimmten Stadtansicht, historischer Stadtkerne, Baudenkmäler und Einzelmonumente bei den potentiellen Besuchern entstehen.

Durch erfolgreiche Vermarktung einer Destination wird der Standort über touristische Wahrnehmung hinaus mit positiven Attributen versehen. Dieser Effekt wird noch verstärkt, da nach einem als angenehm empfundenen Aufenthalt Reisende als Multiplikatoren dienen, indem sie anderen von ihren Erfahrungen berichten. Dadurch wirken sie positiv auf den Beliebtheitsgrad der Stadt ein.

Außerdem müssen im Rahmen des Stadtmarketings Anreize geschaffen werden die Aufenthaltsdauer zu verlängern und die Wiederholungsbesucher zu generieren. Dahinter steckt die Vorstellung, dass ein Tourist, der länger und wiederholt in der Stadt verweilt und diese im Rahmen mehrerer Aufenthalte besser kennen lernt, leichter mit den Interessen der Wohnbevölkerung in Einklang zu bringen ist, als der Besucher des Massentourismus.

2.8 Zukunftsperspektiven des Städtetourismus (gemeinsame Arbeit)

„Es gibt derzeit keine Anzeichen dafür, dass ein Ende des Booms Städtetourismus in Sicht wäre."[42] Die guten Marktchancen rechtfertigen damit auch das in Kapitel 2.7 erläutere Stadtmarketing. Der Dienst- und Geschäftsreiseverkehr und Kongress- und Messetourismus als auch der private Besuch-, Besichtigungs-, Kultur- und Eventtourismus zeigen gleichermaßen starke Zuwachsraten.

In der Praxis treten beide Komponenten häufig kombiniert auf. Geschäftlich motivierte Reisen werden um private Elemente erweitert. Eine wirkungsvolle Tourismuswerbung wird daher immer beide Aspekte miteinander verknüpfen. Durch den fortschreitenden wirtschaftlichen Strukturwandel, der seine Schwerpunkte immer mehr in den tertiären Sektor legt, können neue Arbeitsplätze im Dienstleistungssektor geschaffen werden.

Die sich ändernden Rahmenbedingungen bringen mit multifunktionalen Tourist-cards neue Produkte auf den Markt. Weiterhin entstehen auch neue berufliche Herausforderungen

---

[42] Freytag, Tim/Popp, Monika:" Der Erfolg des europäischen Städtetourismus". In: Geographische Rundschau. 2/2009, S.8.

(z.B. professionelle Congress Organizer) und neue Kooperationsformen (z.B. Städtenetzwerke).[43] Große städtetouristische Metropolen versuchen ihre hohen Besucheraufkommen zu organisieren. Weniger bedeutende Tourismusorte versuchen mehr auf dem Tourismusmarkt aufzufallen und so eine größere Zahl von Besuchern in die Stadt zu bringen. Für die Stärkung und Etablierung einer Stadt in diesem Segment des Tourismus spielen der Anschluss an das Low-Cost-Carrier-Netz, die Ausrichtung von Großveranstaltungen bzw. Events, die Investition in Einkaufszentren oder andere touristische Standortmarketings eine wichtige Rolle.[44]

Das Stadtmarketing muss sich auch in Zukunft einigen Herausforderungen stellten.

So werden sich in den entwickelten westlichen Gesellschaften der Aufbau und die Struktur der Bevölkerung nachhaltig ändern. Die zunehmende Lebenserwartung und sinkenden Geburtenraten führen zu substantiellen Erhöhungen des Durchschnittsalters und tendenziell zu sinkenden Einwohnerzahlen. Städtetouristische Destinationen stehen deswegen mittel- und langfristig vor der Aufgabe, sich eine qualitativ leicht rückläufige Gesamtnachfrage in Verbindung mit einer sehr differenzierten Nachfrage älterer Menschen einzustellen.[45]

---

[43] Anton/Quack: „Städtetourismus- Überblick". In: Landgrebe/Schnell (2005): „Städtetourismus". S.16.
[44] Freytag, Tim/Popp, Monika: „Der Erfolg des europäischen Städtetourismus". In: Geographische Rundschau. 2/2009, S.8.
[45] Anton/Quack: „Städtetourismus- Überblick". In: Landgrebe/Schnell (2005): „Städtetourismus". S.16.

3. Low-Cost-Airlines (gemeinsame Arbeit)

Doch die Haushaltsentwicklung und die Anpassungswilligkeit der Städte an die Wünsche ihre Besucher reichen allein nicht aus um die Entwicklung des städtetouristischen Booms hinreichend zu begründen – zumindest nicht europaweit.

Was wären Städtereisen ohne solche Plakate:

Abb. 8: Werbung für Billigflüge von TUIfly
(Quelle: www.tuifly.com. Stand: 05.01.2010)

Seit den 1990er Jahren hat sich mit den Low-Cost-Carriers eine neue Form des Reisens in Europa herausgebildet. Seit dieser Zeit gelten die Low-Cost Airlines „Triebfeder für die Entwicklung des europäischen Städtetourismus"[46].

Flüge werden preisgünstig durch gezielte Einsparungen bei den Betriebskosten und den weitgehenden Verzicht auf Serviceleistungen angeboten. Jedoch geraten sie durch die Klimaschutzdebatte und steigende Treibstoffpreise unter Druck.[47]

Innerhalb Europas dominierten zunächst nationale und staatlich subventionierte Fluggesellschaften lange Zeit den Luftverkehrsmarkt. In diesen fast schon monopolartigen Strukturen war kein Raum für Wettbewerbssituation – dementsprechend hoch waren auch die Flugticketpreise.[48]

> *In Anlehnung an die Liberalisierung des US-amerikanischen Marktes wurde innerhalb der europäischen Union (EU) ebenfalls eine stufenweise Deregulierung mit dem Ziel eingeleitet, den Wettbewerb zu beleben und verbraucherfreundliche Preise zu erreichen.*[49]

---

[46] Freytag, Tim: „Low-Cost Airlines – Motoren für den Städtetourismus in Europa?". In: Geographische Rundschau. 2/2009, S.20-28.
[47] Ebd., S.20.
[48] Ebd., S.20-21.
[49] Ebd., S.20-21.

Das sich die Wettbewerbsbedingungen seitdem grundlegend verändert haben, zeigen die zurzeit 38 auf dem europäischen Luftverkehrsmarkt vertretenen „Low-Cost" Airlines die auch den Namen Billigfluggesellschaften tragen.

Die erfolgreichste unter ihnen ist die irische Fluggesellschaft „Ryanair" mit einem Anteil von 20,2 % an allen Billigflügen, gefolgt von „Easyjet" (15,9%) und Air Berlin (9,0%).[50]

Ihnen und anderen ähnlichen Fluggesellschaft ist es zu verdanken, dass sich reisewillige Touristen so unkompliziert und günstig wie nur irgend möglich innerhalb Europas (aber auch weltweit) bewegen können.[51]

Des Weiteren ermöglicht es die aggressive Preispolitik auch diejenigen Reisenden zu mobilisieren, die es sich bis dahin schlichtweg kein Flugticket leisten konnten.

In Zeiten der überhöhten Spritpreise, in denen auch die Bahn keine wirklich günstige, dafür häufig jedoch unzuverlässige Alternative ist, scheinen Billigflüge beinahe schon die einzig vernünftige Art zu reisen zu sein.

Die Expansion der Billigflieger wirkt sich auch auf die Flughafengebäude aus. Diese werden ausgebaut und entwickeln sich zu Konsum- und Erlebniswelten. Außerdem werden zusätzliche Steuereinnahmen und Arbeitsplätze geschaffen. Damit hat die immer größer werdende Beliebtheit von Städtereisen bei Touristen zur Folge, dass Städtetourismus heute einen nicht zu unterschätzenden Wirtschaftsfaktor darstellt. Die Kehrseite dieser Entwicklung zeigt sich allerdings bei der Entwicklung der Low-Cost-Airlines, wenn man den Flächenverbrauch, die ökologischen Belastungen und die Beeinträchtigung der ansässigen Bevölkerung betrachtet.

4. Flagship-Museen (Sarah Swienty)

Vor allem in London und Paris wurden spektakuläre Museen neu errichtet oder aus vorhandenen Museen dazu umgebaut. Auch in traditionellen Zentren des Kulturtourismus und in kleineren Städten tragen sie eine große Bedeutung für die städtische Entwicklung.

Die Entstehung dieser geht unter anderem auf das veränderte Rollenverständnis von Museen zurück. Die traditionelle Aufgabe war es Wissen weiterzugeben und zu archivieren. Heute erfüllen Museen Aspekte der Wirtschaftsentwicklung und bieten touristische Angebote. Dies ist das Ergebnis von verschiedenen Entwicklungstrends. Städte sind in einem immer härteren Konkurrenzgefüge um Investitionen. Flagship-Museen

---

[50] Tim Freytag: „Low-Cost Airlines – Motoren für den Städtetourismus in Europa?". In: Geographische Rundschau. 2/2009, S.20-28
[51] Ebd., S.24.

dienen also der Imageaufwertung einer Stadt. Damit erlangt die Stadt einen Attraktivitätsgewinn für potentielle Investoren, Bewohner und Besucher. Da Museen beliebte Sehenswürdigkeiten sind und sich der Städtetourismus, wie bereits erwähnt, zu einem Wirtschaftsfaktor entwickelt hat, sind auch Museen ein Teil der wirtschaftlichen Entwicklung. Um die Stadtentwicklung zu unterstützen, sind Museen und andere Projekte aus dem künstlerischen Bereich politisch attraktive Investitionsmöglichkeiten, da sie weniger risikoanfällig sind als andere Bereiche.[52]

„Diese Entwicklungen sind die Folge eines tiefgreifenden Strukturwandels, [von dem] die westlich-kapitalistischen Wirtschaftssysteme seit dem ausgehenden 20 Jh. [erfasst wurden]."[53]

Noch im 19. und dem frühen 20. Jahrhundert waren Museen Monumentalbauten mit einer soliden Formsprache, die an den Respekt und die Erfurcht des Betrachters appellierten. In den letzten Jahrzehnten des 20 Jh.s haben sich die baulichen Prinzipien jedoch grundlegend gewandelt. Museen sind zu einem futuristischen Architekturereignis geworden, deren spektakuläre Bauweise das Gebäude schon durch sein bloßes Erscheinen zur touristischen Attraktion werden lässt. Dies führte zu einer neuen Form des kulturellen Konsums, bei dem die Kombination von Architektur, Kunst und Erlebnis im urbanen Kontext eine zentrale Position einnimmt. So werden Museen mehr aufgrund ihrer baulichen Gestaltung, als aufgrund ihrer beherbergten Ausstellungen zur touristischen Attraktion.[54]

Neben der architektonischen Attraktivität ist die wachsende Bedeutung von Museen auf die Herausbildung einer gebildeten Mittelklasse in den westlich-kapitalistischen Wirtschaftssystemen zurückzuführen. Dies wiederum ist das Ergebnis einer gestiegenen Bildungsteilnahme, einer wachsenden Aufmerksamkeit gegenüber der Kunst in den Medien und der Funktion von Kunst und Kultur als soziale Abgrenzung.[55]

Zusammenfassend tragen Flagship-Museen zur Verlängerung des Aufenthalts bei und erhöhen die Ausgaben der Besucher. Durch die Kombination der architektonischen Erscheinung der Stadt und regelmäßig wechselnden Ausstellungen entsteht der Anlass eine Stadt wiederholt zu besuchen.

Im Folgenden sollen einige herausragende Bauten in international führenden Metropolen dargestellt werden.

---

[52] Shoval, Norman: „Das Phänomen der Flagship-Museen". In: Geographische Rundschau. 2/2009, S.28.
[53] Ebd., S.28.
[54] Ebd., S.29.
[55] Ebd., S.30.

Das 1997 eröffnete Guggenheim Museum in Bilbao (siehe Abb.9) verkörpert durch einen Bruch mit den damals vorherrschenden architektonischen Vorstellungen zur Gestaltung von Museen. Der Neubau ist äußerst spektakulär und war nicht unumstritten.

Abbildung 9: Guggenheim Museum in Bilbao (Quelle: www.wikipedia.de. Stand: 04.01.2010)

Abbildung 10: Sydney Opera House (Quelle: www.wikipedia.de. Stand: 04.01.2010)

Das Sydney Opera House in Australien (siehe Abb.10) wurde in den frühen 1950er Jahren bis in die späten 1960er Jahre erbaut. Es wurde *„zum Wahrzeichen von Sydney und im weiteren Sinne von ganz Australien."*[56] Die Touristen betrachten das Opernhaus als ein Muss, jedoch nicht wegen der Konzertveranstaltungen, deren Publikum nur zu einem geringen Anteil aus Touristen besteht, sondern vielmehr wegen seiner außergewöhnlichen Lage und Architektur.[57]

Die Flagship-Museen bergen nicht nur eine große touristische Anziehungskraft, sondern haben die Fähigkeit Stadtviertel in entscheidender Weise zu revitalisieren. Wurden sie in der zweiten Hälfte des 19. Jh.s noch in konzentrierten Museums-Clustern angelegt, so wie in London und Washington, so wurde es zur gängigen Praxis sie außerhalb der traditionellen Museumsstandorte anzusiedeln. Dies führt zu einer Wiederbelebung und ermöglicht eine räumliche Ausdehnung der touristischen Stadt hin zu neuen Gebieten. Es entsteht ein Impuls zur städtischen Erneuerung und hilft den Charakter des betreffenden Stadtteiles zu verändern. Dadurch siedeln sich nicht nur in direkter Nähe touristische Dienstleistungen, wie Hotellerie und Restaurationen an, sondern auch benachbarte Gebiete erhalten neue Impulse.[58] Die durch Flagship-Museen entstandenen Effekte können als

---

[56] Shoval, Norman: „Das Phänomen der Flagship-Museen". In: Geographische Rundschau. 2/2009, S.30.
[57] Ebd., S.30.
[58] Ebd., S.31.

Indikatoren verwendet werden, sie als *„Motoren der städtischen Erneuerung"*[59] zu bewerten. Der aktuelle Trend zu Errichtung von Flagship-Museen ist aber auch durch das steigende Image eines Stadtviertels bzw. einer Stadt selbst und dem damit verbundenen touristischen Attraktivitätsgewinn zu begründen.

5. Städtebauliche Kultur (Eva Stiehl)

Die Verlockung die von außergewöhnlicher Architektur ausgeht beschränkt sich bei weitem nicht nur auf Museen oder historisch bedeutende Gebäude.

„Während der letzten zwei Jahrzehnte ist die städtische Architektur wieder in den Blickpunkt der human- bzw. stadtgeographischen Forschung gerückt."[60]

Außergewöhnlichkeit scheint auf Touristen wie ein Magnet zu wirken. Am anschaulichsten belegen dies die statistischen Daten zur Tourismusentwicklung in Dubai. Zahlreiche Bauprojekte seit Ende der 1990er Jahre haben dazu beigetragen, dass sich „die Zahl der Touristen von 633 000 im Jahr 1990 auf über 6,9 Mio. mehr als verzehnfacht"[61] hat.

Und auch in Europa setzt man auf innovative Architektur: Seit der Eröffnung des Guggenheim-Museums und dem damit einhergehenden städtetouristischen Erfolg „versuchen Politiker und Planer allerorten, über eine herausragende Architektur ihre jeweiligen Städte in den Blickpunkt der (Welt-)Öffentlichkeit zu rücken und einen neuen Stadtvorteil zu erzeugen."[62]

Als Folge hat sich ein Wettkampf um die herausragendste Skyline oder zumindest das dynamischste und außergewöhnlichste Gebäude einer Stadt entwickelt.

Die Stadtplaner stehen jedoch fast immer vor einem gravierenden Problem: Bei ihrem Streben nach architektonischem Einfallsreichtum müssen sie sich zunächst mit dem Status quo des Stadtbildes auseinander setzen.

Die Verpflichtung von Stararchitekten wie Frank Gehry oder Daniel Libeskind reicht somit nicht aus um aus eine Stadt dauerhaft attraktiv zu gestalten.

---

[59] Ebd., S.31.

[60] Ludger Basten: „Überlegungen zur Ästhetik städtischer Alltagsarchitektur". In: Geographische Rundschau 7-8/2009, S. 4-9.

[61] Heiko Schmidt: „Dubai – Aufstrebende Tourismusmetropole am Arabisch- Persischen Golf". In: Geographische Rundschau. 2/2009, S. 34-41.

[62] Heiko Schmidt: „Dubai – Aufstrebende Tourismusmetropole am Arabisch- Persischen Golf". In: Geographische Rundschau. 2/2009, S. 34-41.

Der Schlüssel zum Erfolg liegt darin, Innovation und Geschichte harmonisch miteinander in Einklang zu bringe

Dass dies möglich ist haben die Stadtplaner und beteiligten Architekten beim Sanierungs- und Umbauprojekt der Fünf Höfe in der Münchener Innenstadt gezeigt.

An dem heutigen Standort der modernen Einkaufspassage befanden sich ursprünglich bedeutenden Renaissance- und neobarocke Gebäude, inkl. den Verwaltungsgebäuden der HypoVereinsbank

Nachdem der wirtschaftliche Nutzen der Gebäude immer geringer wurde entschied man sich den Block umzubauen und „eine der prominenten Lage entsprechende Nutzung zu finden".[63] Es folgte ein Architekturwettbewerb den das Büro Herzog & de Meuron gewann. Kein anderer Entwurf schaffte es sich so harmonisch ins Stadtbild einzufügen.

> Die Parzellenstruktur der Altstadt wie auch die Situation der benachbarten Residenzen mit ihren charakteristischen Innenhöfen wurden als Typologien in die Konzeption aufgenommen.[64]

Als Ergebnis präsentieren sich die fünf Höfe heute mit einer Außenfassade, die auf den ersten Blick kaum als großes Neubauprojekt ins Auge sticht, jedoch als Attraktion der Münchener Innenstadt gilt – nicht zuletzt aufgrund der Zugänglichkeit die 24 Stunden am Tag ermöglicht wird und somit zum mitternächtlichen Schaufenster-Shopping einlädt.

Es sind solche Projekte die dazu beitragen Touristen anzulocken ohne gravierend in das vorhandene Stadtbild einzugreifen. Schließlich möchte man als Tourist nicht von fehl am Platz und disharmonisch wirkenden Gebäuden umgeben sein.

Gerade Städte die mit einem harmonischen Stadtbildt trumpfen können werden von Touristen gerne frequentiert – so die Städte Brügge und Gent in Belgien.

5.1. Gent – eine authentische Stadt

> Ein Ehepaar genießt die Ruhe eines authentischen Beginenhofs. Eltern und Kinder flanieren durch die Fußgängerzonen in der Innenstadt. Ein Tourist fotografiert – wie so oft und doch immer wieder auf eine andere Weise – die drei Türme. Ein Geschäftsmann geht mit seinem iPhone durch die einmalige Graslei, überquert die Leie und begibt sich anschließend zu seinem stilvollen 4-Sterne-Hotel hinter einer mittelalterlichen Fassade. Dutzende Terrassen laden Sie ein, Spezialitäten

---

[63] Brzenczek, Katharina/Wiegandt, Claus-C.: „Zischen Leuchten und Einfügen – Einzelhandelsarchitektur in Innenstädten." In: Geographische Rundschau. 7-8/2009, S.10-19
[64] Ebd.

aus Gent kennen zu lernen. Die Sonne spiegelt sich im reichlich vorhandenen Wasser. Die Stadt lebt und heißt Sie willkommen.[65]

Mit diesen Worten wirbt die Stadt Gent auf ihrer Homepage für sich. Gent schein alles zu verkörpern, was der erlebnisorientierte Tourist sich wünscht: Geschichte, Kunst, Kultur, Gastronomie, Luxus und vieles mehr und das alles in einer Stadt die vor architektonischer Schönheit nur so strotzt.

Abb. 11: Schönheit Gents bei Nacht
(Quelle: www.euroschoolsport2008.eu. Stand: 04.01.2010)

Gent ist die Hauptstadt der belgischen Provinz Ostflandern und liegt zwischen Antwerpen und Brügge – nahe der niederländischen Grenze.

Sie zeichnet sich vor allem durch ihr mittelalterliches Stadtbild aus: In kaum einer anderen europäischen Stadt stehen beeindruckende historische Bauwerke und majestätische Kirchen so dicht beisammen. Das bemerkenswert ist die enorme Vielfalt europäischer Baustile die auf engstem Raum vorzufinden ist und trotzdem dem einheitlich und in sich geschlossen wirkendem Stadtbild nichts anhaben kann, welches durch zahlreiche Grachten und Kanäle abgerundet wird.

So wurde Gent erst kürzlich vom *National Geographic Traveler Magazine* zur drittauthentischsten Stadt der Welt gekürt.

> Gent findet dabei nicht allein Anerkennung als authentisch gebliebene, lebensfrohe Stadt mit herrlich erhaltenen Bauwerken, Monumenten und Kunstschätzen. Mehr als das: Gent wird gelobt als "wunderbare

---

[65] http://www.visitgent.be/eCache/VGD/2/677.dmdfbGFuZz1ERQ.html. Stand: 10.01.2010.

Mischung aus prunkvoller Vergangenheit und modernem pulsierendem Leben.[66]

Um den Touristen das Sightseeing so angenehm und unkompliziert wie möglich zu gestalten wurde Gent in zwei Viertel aufgeteilt: das historische Zentrum und das Kunstviertel. Jedes Viertel umfasst mehrere Stätten die mithilfe verschiedenfarbiger Pfade gekennzeichnet und somit auch gut erreichbar sind.

Außerdem wurden zusätzlich städteweit 144 Hinweisschilder aufgestellt – schließlich sollen sich die heißbegehrten Touristen nicht verlaufen.

5.2 Brügge – eine harmonische Stadt

Brügge gehört ebenfalls zu den schönsten Städten Europas. Im Jahre 2000 wurde die mittelalterliche Stadt von der UNESCO zum Weltkulturerbe, zwei Jahre später zur europäischen Kulturhauptstadt ernannt.

Das Stadtbild Brügges hat sich seit dem Mittelalter kaum verändert und gilt heute als riesiges Freilichtmuseum.

Und genau hier liegt, ebenso wie bei Gent, die touristische Anziehungskraft: In Brügge kann man mittelalterliche Bauwerke nicht nur vereinzeld bewundern, sondern die Atmosphäre des Mittelalters in sich aufnehmen.

6. Inszenierte Stadtgeschichte (Eva Stiehl)

Im Kampf um die höchsten Touristenzahlen kann man den vielen Reise- und Eventveranstaltern eines nicht vorwerfen: Phantasielosigkeit. Diese wäre auch fehl am Platz, ist sie doch zwingende Voraussetzung um der dynamischen Entwicklung der touristischen Nachfrage gerecht zu werden. „Insbesondere Großstädte bieten [dabei] günstig Voraussetzungen, den multifunktionalen Ansprüchen von Städtetouristen zu entsprechen.“[67] Diese haben allein durch ihre große Bevölkerungsdichte und Heterogenität ein breit gefächertes vielfältiges Kultur- und Freizeitangebot das auch für Touristen einen Anziehungspunkt darstellt.

Die Ausgangslage für kleinere Städte ist denkbar schlechter:

---

[66] http://www.visitgent.be/eCache/VGD/5/435.dmdfbGFuZz1ERQ.html. (Stand: 10.01.2010).
[67] Kagermeier, Andrea/Arleth, Jennifer: „Potential des hostorischen Erbes. Neue Wege im kulturorientierten Städtetourismus“. In. Praxis Geographie. 2/2098, S. 12-18.

Während Berlin, München und Hamburg quasi als „Selbstläufer" im Städtetourismus zu sehen und als europäische Metropolen fest in der Wahrnehmung der Nachfrager verankert sind, stellt sich für weniger bekannte Destinationen immer dringender die Herausforderung ein klares Image zu entwickeln und Chancen zur Erhöhung des Bekanntheitsgrades zu nutzen.[68]

Eine Möglichkeit Chancen zu nutzen besteht für kleinere Städte darin, sich mit anderen Kleinstädten zu einem tourismusorientierten Kooperationsnetzwerk zusammen zu schließen. Bereits 1977 haben sich „kleinere deutsche Großstädte mit einer überdurchschnittlichen Ausrichtung auf den kulturorientierten Städtetourismus zusammengeschlossen"[69] und sind seit 1992 unter dem Namen „Historic Highlights of Germany" bekannt.

Unter dem Motto „Zusammenschluss macht stark" bieten die Städte Augsburg, Erfurt, Freiburg, Heidelberg, Koblenz, Mainz, Münster, Osnabrück, Potsdam, Regensburg, Rostock, Trier, Wiesbaden und Würzburg als „Glanzlichter deutscher Geschichte und Kultur starke Reiseerlebnisse". Unter Mottos wie „Geschichte (n) auf der Spur", „Gotik", „UNESCO-Weltkulturgüter" und „Dichter und Denker"[70] wird der bildungshungrige Tourist auf die Spuren deutscher Geschichte geschickt. Zur Verköstigung werden kulinarische Köstlichkeiten angeboten.

So erfolgsversprechend solche Kooperationen auch sein mögen stehen die Städte doch weiterhin vor einem Problem: Vor allem kleinere Destinationen können durch solche Kooperationsteilnahmen zwar steigende Besucherzahlen verzeichnen, jedoch vor allem in Bezug auf den Tagestourismus. „So wird z.B. für eine Stadt wie Trier von 3 bis 4 Mio. Tagestouristen ausgegangen, während nur etwa 400 000 Übernachtungsgäste registriert werden."[71]

Die Zusammenfassung mehrerer Städte unter Spezialthemen zu Routen sollen Gäste dazu verlocken mehrere, sich thematisch ergänzende Städte hintereinander zu besuchen – natürlich inklusiv Übernachtungen.

---

[68] Kagermeier, Andrea/Arleth, Jennifer: „Potential des hostorischen Erbes. Neue Wege im kulturorientierten Städtetourismus". In. Praxis Geographie. 2/2098, S. 12-18.

[69] Ebd.

[70] vgl. http://de.historicgermany.com. (Stand: 05.01.2010).

[71] Kagermeier, Andrea/Arleth, Jennifer: „Potential des hostorischen Erbes. Neue Wege im kulturorientierten Städtetourismus". In. Praxis Geographie. 2/2098, S. 12-18.

Doch Museumsbesuche und Burgruinen sind für den modernen Touristen auf Dauer langweilig. So gilt es die Erlebniskomponente, die mit dem Besuch einer historischen Stadt verbunden ist, zu intensivieren.

> *„Nicht nur das aktive oder passive Rezipieren ist Ziel des Angebots, sondern die Integration des Besuchers in das Angebot und die Erzeugung eines hohen Einbeziehungsgrades. "[72]*

Voller Einfallsreichtum präsentiert sich hier die Stadt Trier: Durch Veranstaltung „Brot & Spiele" werden seit 2002 für ein Wochenenden die römischen Stätten der Vergangenheit wieder zum Leben erweckt und in der Gegenwart neu inszeniert.

> *Ein geheimnisvoller Gladiator erobert die Trierer Arena: Herkules nennt er sich, nach dem unbesiegbaren Helden aus der griechischen Sage. Und in der Tat: Sagenhaft kämpft auch dieser Gladiator, unerbittlich tötet er seine Gegner, häuft Sieg auf Sieg. Schließlich wird sogar Kaiser Marc Aurel auf ihn aufmerksam. Denn der Siegeswille dieses Herkules greift weit über die Arena hinaus – nach den Lorbeeren des Kaisers. Das Schicksal Roms entscheidet sich in einem gigantischen Arena-Spektakel, in dem der bislang unbesiegte Gladiator einen unglaublichen Kampf bestehen muss – gegen die Hydra, das siebenköpfige Ungeheuer aus der Herkules-Sage. Dieses beeindruckende Event begeistert durch mitreißende Gladiatoren-Kämpfe, eingebettet in eine spannende Story nach historischen Quellen. Und das alles am originalen Schauplatz – in genau jenem Amphitheater, wo schon vor 2000 Jahren Gladiatoren-Kämpfe stattfanden![73]*

Vorbei sind die Zeiten langweiliger Führungen bei denen die Vermittlung historischer Informationen im Vordergrund stand. Heute geht es vielmehr darum, den Touristen in das Geschehen mit einzubinden und „das frühere Leben in den heutigen Kulturdenkmälern wieder lebendig werden zu lassen."[74] Dies schafft – so hofft man – Zufriedenheit bei den Reisenden die zur Folge hat, dass der Anteil der Widerholungsbesucher steigt und der zufriedene Tourist eine weitaus höhere Bereitschaft zeigt das Erlebte weiter zu empfehle.

---

[72] Kagermeier, Andrea/Arleth, Jennifer: „Potential des hostorischen Erbes. Neue Wege im kulturorientierten Städtetourismus". In. Praxis Geographie. 2/2098, S. 12-18.
[73] http://www.brotundspiele2008.de/amphitheater.html. (Stand: 02.01.2010).
[74] Kagermeier, Andrea/Arleth, Jennifer: „Potential des hostorischen Erbes. Neue Wege im kulturorientierten Städtetourismus". In. Praxis Geographie. 2/2098, S. 12-18.

7. Fazit

Städtetourismus ist eine Branche des Dienstleistungssektors, die einem ständigen Wandel unterliegt, niemals lange still steht und sich daher auch ständig weiter entwickelt. Ursache dafür ist die weit gestreute Zielgruppe, die sich nicht auf eine bestimmte Altersgruppe einer bestimmten sozialen Schicht beschränken kann, sondern vielmehr *jeden* ansprechen sollte.

Das dies eine Herausforderung der höchsten Klasse ist liegt auf der Hand. Umso bemerkenswerter ist die Phantasie der Reiseveranstalter, mit der sie dieser Herausforderung gegenüber treten – sei es mit architektonischen Wunderbauwerken, Römerspielen, einem besonderen Städteflair oder einfach nur mit touristischen Attraktionen die Spaß und Action versprechen. Wichtig ist, dass die Gäste sich nicht langweilen, die Stadt weiter empfehlen und bestenfalls selbst wieder kommen.

Doch nicht nur die Reiseveranstalter sondern auch die Städte stehen vor einer Herausforderung. Für sie gilt es auf der einen Seite so viele Touristen wie möglich anzuziehen. Städtetourismus ist gleichermaßen Wirtschaftsfaktor, ein Element der städtischen Entwicklung und auf der Seite der Touristen „die Reiseform der Postmoderne". Jedoch bringt er nicht nur Vorteile mit sich. Die physische bzw. psychologische Tragfähigkeit scheint in vielen Städten erreicht zu sein, sodass die Lebensqualität der städtischen Bewohner und der Genuss des städtetouristischen Urlaubes eingeschränkt werden und das Stadtbild oftmals in Mitleidenschaft gezogen wird.[75]

Daher sollte Standortmarketing in Zukunft noch stärker im Sinne des nachhaltigen Städtetourismus in den städtetouristischen Destinationen betrieben werden.

> *„Dabei gilt die Leitlinie, Ressourcen zu schonen und dadurch einen dauerhaften Interessensausgleich zwischen Reisenden und Ortsansässigen zu schaffen. So wird der langfristigen Sicherung von Lebens- und Aufenthaltsqualität als Grundlage für einen erfolgreichen Städtetourismus eine Priorität gegenüber Bemühungen um eine Steigerung der Besucherzahlen eingeräumt, die vor allem durch ein kurzfristiges Interesse an ökonomischem Gewinn gekennzeichnet ist."[76]*

---

[75] Steinecke, Albrecht (2006): Tourismus. Die geographische Einführung. S. 144.
[76] Freytag, Tim/Popp, Monika: „Der Erfolg des europäischen Städtetourismus". In: Geographische Rundschau 2/2009, S.10.

I. Literaturverzeichnis

Wissenschaftliche Quellen:

- Anton/Quack: „Städtetourismus- Überblick". In: Landgrebe/Schnell (2005): „Städtetourismus".

- Anton-Quack, Claudia/Quack, Heinz-Dieter: „Städtetourismus – Eine Einführung". In: Becker, Christoph/Hopfinger, Hans/Steinecke, Albrecht (2007): Geographie der Freizeit und des Tourismus. München, S.193-203.

- Basten, Ludger: „Überlegungen zur Ästhetik städtischer Alltagsarchitektur". In: Geographische Rundschau 7-8/2009, S. 4-9.

- Brzenczek,Katharina/ Wiegandt, Claus-C.: „Zischen Leuchten und Einfügen – Einzelhandelsarchitektur in Innenstädten." In: Geographische Rundschau 7-8/2009, S.10-19.

- Deutscher Tourismusverband (2006): „Städte- und Kulturtourismus in Deutschland. Langfassung." Bonn.

- Freytag, Tim/Popp, Monika: „Der Erfolg des europäischen Städtetourismus". In: Geographische Rundschau 2/2009, S. 4-11.

- Freytag, Tim: „Low-Cost Airlines – Motoren für den Städtetourismus in Europa?". In: Geographische Rundschau 2/2009, S.20-28.

- Hartmut Leser (Hg): „DIERCKE Wörterbuch Allgemeine Geographie".

- Heiko Schmidt: „Dubai – Aufstrebende Tourismusmetropole am Arabisch-Persischen Golf". In: Geographische Rundschau 2/2009, S. 34-41.

- Kagermeier, Andreas/Arleth, Jennifer: „Potential des historischen Erbes. Neue Wege im kulturorientierten Städtetourismus". In: Geographische Rundschau. 2/2009, S. 12- 18.

- Landgrebe/Schnell (2005): „Städtetourismus".Oldenburgverlag

- Popp, Monika: „Der touristische Blick des Städtetourismus der Postmoderne". In: Geographische Rundschau. 2/2009, S. 42-48.

- Prof. Dr. Freyer: „Stadtmarketing und Tourismus". In: Landgrebe/Schnell (2005): „Städtetourismus".

- Shoval, Norman: „Das Phänomen der Flagship-Museen". In: Geographische Rundschau. 2/2009, S.29.

- Steinecke, Albrecht (2006): „Tourismus. Die geographische Einführung". 2.Aufl.

Internetquellen:

- http://www.visitgent.be/eCache/VGD/2/677.dmdfbGFuZz1ERQ.html   (Stand: 10.01.2010).
- http://www.brotundspiele2008.de/amphitheater.html. (Stand:02.01.2010).
- www.euroschoolsport2008.eu (Stand: 04.01.2010).
- www.wikipedia.de (Stand: 04.01.2010).
- http://de.historicgermany.com. (Stand: 05.01.2010).
- www.tuifly.com (Stand: 05.01.2010).
- www.destatis.de. (Stand: 07.01.2010).